一之源

茶者，南方之嘉木也。一尺、二尺乃至数十尺。其巴山峡川，有两人合抱者，伐而掇（duō）之。其树如瓜芦，叶如栀（zhī）子，花如白蔷薇，实如栟榈（bīng lú），蒂如丁香，根如胡桃。

其字，或从草，或从木，或草木并。其名，一曰茶，二曰槚（jiǎ），三曰蔎（shè），四曰茗，五曰荈（chuǎn）。

其地，上者生烂石，中者生砾壤（lì），下者生黄土。凡艺而不实，植而罕茂，法如种瓜，三岁可采。野者上，园者次。阳崖阴林，紫者上，绿者次；笋者上，牙者次；叶卷上，叶舒次。阴山坡谷者，不堪采掇（duō），性凝滞，结瘕（jiǎ）疾。

茶之为用，味至寒，为饮，最宜精行俭德之人。若热渴、凝闷、脑疼、目涩，四支烦、百节不舒，聊四五啜（chuò），与醍醐（tí hú）、甘露抗衡也。采不时，造不精，杂以卉莽（huì mǎng），饮之成疾。茶为累也，亦犹人参。上者生上

1

党，中者生百济、新罗，下者生高丽。有生泽州、易州、幽州、檀州者，为药无效，况非此者？设服荠苨（jì nǐ），使六疾不瘳（chōu）。知人参为累（lěi），则茶累（lěi）尽矣。

二之具

籯（yíng），一曰篮，一曰笼，一曰筥（jǔ），以竹织之，受五升，或一斗、二斗、三斗者，茶人负以采茶也。

灶，无用突者。釜（fǔ），用唇口者。甑（zèng），或木或瓦，匪腰而泥，篮以箄（bēi）之，篾（miè）以系之。始其蒸也，入乎箄（bēi）；既其熟也，出乎箄（bēi）。釜涸（hé），注于甑（zèng）中。又以榖（gǔ）木枝三桠者制之，散所蒸牙笋并叶，畏流其膏。

杵臼（chǔ jiù），一曰碓（duì），惟恒（wéi héng）用者佳。

规，一曰模，一曰棬（quān），以铁制之，或圆，或方，或花。

承，一曰台，一曰砧（zhēn），以石为之。不然，以槐桑木半埋地中，遣无所摇动。

檐，一曰衣，以油绢或雨衫、单服败者为之。以檐置承上，又以规置檐上，以造茶也。茶成，举而易之。

芘莉，一曰籯子，一曰篣筤。以二小竹，长三尺，躯二尺五寸，柄五寸。以篾织方眼，如圃人土罗，阔二尺，以列茶也。

棨，一曰锥刀。柄以坚木为之，用穿茶也。

扑，一曰鞭。以竹为之，穿茶以解茶也。

焙，凿地深二尺，阔二尺五寸，长一丈。上作短墙，高二尺，泥之。

贯，削竹为之，长二尺五寸，以贯茶焙之。

棚，一曰栈。以木构于焙上，编木两层，高一尺，以焙茶也。茶之半干，升下棚；全干，升上棚。

穿，江东、淮南剖竹为之，巴川峡山纫榖皮为之。江东以一斤为上穿，半斤为中穿，四两五两为小穿。峡中以一百二十斤为上穿，八十斤为中穿，五十斤为小穿。穿字旧作钗钏之"钏"字，或作贯串。今则不然，如磨、扇、弹、钻、缝五字，文以平声书之，义以去声呼之，其字以穿名之。

育，以木制之，以竹编之，以纸糊之。中有隔，上有覆，下有床，傍有门，掩一扇。中置一器，贮煻煨火，令煴煴然。江南梅雨时，焚之以火。

三之造

凡采茶在二月、三月、四月之间。

茶之笋者，生烂石沃土，长四五寸，若薇蕨始抽，凌露采焉。茶之牙者，发于丛薄之上，有三枝、四枝、五枝者，选其中枝颖拔者采焉。其日有雨不采，晴有云不采。晴，采之，蒸之，捣之，拍之，焙之，穿之，封之，茶之干矣。

茶有千万状，卤莽而言，如胡人靴者，蹙缩然；犎牛臆者，廉襜然；浮云出山者，轮囷然，轻飙拂水者，涵澹然。有如陶家之子，罗膏土以水澄泚之。又

4

如新治地者，遇暴雨流潦之所经。此皆茶之精腴。有

如竹箨(tuò)者，枝干坚实，艰于蒸捣，故其形籭簁(shāi shāi)然。有

如霜荷者，茎叶凋沮(jǔ)，易其状貌，故厥状委悴(juế)然。此

皆茶之瘠(jí)老者也。

自采至于封七经目，自胡靴至于霜荷八等。或以

光黑平正言嘉者，斯鉴之下也；以皱黄坳垤(ào diế)言佳者，

鉴之次也；若皆言嘉及皆言不嘉者，鉴之上也。何者？

出膏者光，含膏者皱；宿制者则黑，日成者则黄；蒸

压则平正，纵之则坳垤(ào diế)。此茶与草木叶一也。茶之否(pǐ)

臧(zāng)，存于口诀。

四之器

风炉

风炉以铜铁铸之，如古鼎形，厚三分，缘阔九分，

令六分虚中，致其杇墁(wū màn)。凡三足，古文书二十一字。

一足云："坎(kǎn)上巽(xùn)下离于中"；一足云："体均五行去百

疾"；一足云："圣唐灭胡明年铸。"其三足之间，设三

窗。底一窗以为通飙漏烬之所。上并古文书六字，一窗之上书"伊公"二字，一窗之上书"羹陆"二字，一窗之上书"氏茶"二字。所谓"伊公羹，陆氏茶"也。置墆埭于其内，设三格：其一格有翟焉，翟者，火禽也，画一卦曰离；其一格有彪焉，彪者，风兽也，画一卦曰巽；其一格有鱼焉，鱼者，水虫也，画一卦曰坎。巽主风，离主火，坎主水。风能兴火，火能熟水，故备其三卦焉。其饰、以连葩、垂蔓、曲水、方文之类。其炉，或锻铁为之，或运泥为之。其灰承，作三足铁柈台之。

筥

筥，以竹织之，高一尺二寸，径阔七寸。或用藤，作木楦如筥形织之，六出圆眼。其底盖若利箧口，铄之。

炭挝

炭挝，以铁六棱制之，长一尺，锐上丰中，执细头系一小镊以饰挝也，若今之河陇军人木吾也。或作

6

锤，或作斧，随其便也。

火筴 (jiā)

火筴(jiā)，一名筯(zhù)，若常用者，圆直一尺三寸，顶平截，无葱台勾锁之属，以铁或熟铜制之。

镮 (fù)

镮(fù)，以生铁为之，今人有业冶者，所谓急铁。其铁以耕刀之趄(qiè)，炼而铸之。内模土而外模沙。土滑于内，易其摩涤(dí)；沙涩于外，吸其炎焰。方其耳，以正令也；广其缘，以务远也；长其脐，以守中也。脐长，则沸中，沸中，则末易扬，末易扬，则其味淳也。洪州以瓷为之，莱州以石为之，瓷与石皆雅器也，性非坚实，难可持久。用银为之，至洁，但涉于侈丽(chǐ)。雅则雅矣，洁亦洁矣，若用之恒而卒归于银也。

交床

交床，以十字交之，剜(wān)中令虚，以支镮(fù)也。

夹

夹，以小青竹为之，长一尺二寸。令一寸有节，节已上剖之，以炙茶也。彼竹之<ruby>筱<rt>xiǎo</rt></ruby>，津润于火，假其香洁以益茶味，恐非林谷间莫之致。或用精铁熟铜之类，取其久也。

纸囊

纸囊，以<ruby>剡<rt>shàn</rt></ruby>藤纸白厚者夹缝之。以贮所炙茶，使不泄其香也。

<ruby>碾<rt>niǎn</rt></ruby>

<ruby>碾<rt>niǎn</rt></ruby>，以橘木为之，次以梨、桑、桐、<ruby>柘<rt>zhè</rt></ruby>为之。内圆而外方。内圆备于运行也，外方制其倾危也。内容堕而外无余木。堕，形如车轮，不辐而轴焉。长九寸，阔一寸七分。堕径三寸八分，中厚一寸，边厚半寸，轴中方而执圆。其拂末以鸟羽制之。

罗合

罗末，以合盖贮之，以则置合中。用巨竹剖而屈之，以纱绢衣之。其合以竹节为之，或屈杉以漆之，高三寸，盖一寸，底二寸，口径四寸。

则

则，以海贝、蛎蛤之属，或以铜、铁、竹匕策之类。则者，量也，准也，度也。凡煮水一升，用末方寸匕。若好薄者，减之，嗜浓者，增之，故云则也。

水方

水方，以稠木、槐、楸、梓等合之，其里并外缝漆之，受一斗。

漉水囊

漉水囊，若常用者，其格以生铜铸之，以备水湿，无有苔秽腥涩意。以熟铜苔秽、铁腥涩也。林栖谷隐者，或用之竹木。木与竹非持久涉远之具，故用之生铜。其囊，织青竹以卷之，裁碧缣以缝之，纽翠钿以缀之。又作绿油囊以贮之。圆径五寸，柄一寸五分。

瓢

瓢，一曰牺杓。剖瓠为之，或刊木为之。晋舍人
杜育《荈赋》云："酌之以匏。"匏，瓢也。口阔，胫
薄，柄短。永嘉中，余姚人虞洪入瀑布山采茗，遇一
道士，云："吾，丹丘子，祈子他日瓯牺之余，乞相遗
也。"牺，木杓也。今常用以梨木为之。

竹筴

竹筴，或以桃、柳、蒲葵木为之，或以柿心木为
之。长一尺，银裹两头。

鹾簋

鹾簋，以瓷为之。圆径四寸，若合形，或瓶、或
罍，贮盐花也。其揭，竹制，长四寸一分，阔九分。
揭，策也。

熟盂

熟盂，以贮熟水，或瓷，或沙，受二升。

10

碗

碗，越州上，鼎州次，婺州次（wù），岳州次，寿州、洪州次。或者以邢州处越州上，殊为不然。若邢瓷类银，越瓷类玉，邢不如越一也；若邢瓷类雪，则越瓷类冰，邢不如越二也；邢瓷白而茶色丹，越瓷青而茶色绿，邢不如越三也。晋杜育《荈赋》（chuǎn）所谓："器择陶拣，出自东瓯（ōu）。"瓯（ōu），越也。瓯（ōu），越州上，口唇不卷，底卷而浅，受半升已下。越州瓷、岳瓷皆青，青则益茶，茶作白红之色。邢州瓷白，茶色红；寿州瓷黄，茶色紫；洪州瓷褐，茶色黑；悉不宜茶。

畚（běn）

畚（běn），以白蒲卷而编之，可贮碗十枚。或用筥（jǔ），其纸帊（pà）以剡纸夹缝（shàn），令方，亦十之也。

札（zhá）

札（zhá），缉栟榈皮以茱萸（qī bīng）（zhū yú）木夹而缚之，或截竹束而管之，若巨笔形。

11

dí
涤方

dí   qiū
涤方，以贮涤洗之余，用楸木合之，制如水方，

受八升。

zǐ
滓方

zǐ   zǐ
滓方，以集诸滓，制如涤方，处五升。

巾

shī
巾以绝布为之，长二尺，作二枚，互用之，以洁

诸器。

具列

具列，或作床，或作架。或纯木、纯竹而制，或

jiōng
木，或竹，黄黑可扃而漆者。长三尺，阔二尺，高六

寸。具列者，悉敛诸器物，悉以陈列也。

都篮

miè
都篮，以悉设诸器而名之。以竹篾内作三角方眼，

miè   miè
外以双篾阔者经之，以单篾纤者缚之，递压双经，作

方眼，使玲珑。高一尺五寸，底阔一尺、高二寸，长
二尺四寸，阔二尺。

五之煮

凡炙茶，慎勿于风烬间炙，熛（biāo）焰如钻，使炎凉不
均。持以逼火，屡其翻正，候炮（páo）出培㙏，状虾蟆背，然
后去火五寸。卷而舒，则本其始又炙之。若火干者，
以气熟止；日干者，以柔止。

其始，若茶之至嫩者，蒸罢热捣，叶烂而牙笋存
焉。假以力者，持千钧杵亦不之烂。如漆科珠，壮士
接之，不能驻其指。及就，则似无穰（ráng）骨也。炙之，则
其节若倪倪，如婴儿之臂耳。既而承热用纸囊贮之，
精华之气无所散越，候寒末之。其火用炭，次用劲薪。
其炭曾经燔（fán）炙，为膻腻所及，及膏木、败器不用之。
古人有劳薪之味，信哉。其水，用山水上，江水次，
井水下。其山水，拣乳泉、石池慢流者上；其瀑涌湍（bào tuān）
漱，勿食之，久食令人有颈疾。又多别流于山谷者，
澄（chéng）浸不泄，自火天至霜郊以前，或潜龙蓄毒于其间，

13

饮者可决之，以流其恶，使新泉涓涓然，酌之。其江水取去人远者。井取汲多者。

其沸如鱼目，微有声，为一沸。缘边如涌泉连珠，为二沸。腾波鼓浪，为三沸。已上水老，不可食也。初沸，则水合量调之以盐味，谓弃其啜(chuò)余。无乃䜌(jiǎn)䑶(gàn)而钟其一味乎。第二沸出水一瓢，以竹筴环激汤心，则量末当中心而下。有顷，势若奔涛溅沫，以所出水止之，而育其华也。

凡酌，置诸碗，令沫饽(bō)均。沫饽(bō)，汤之华也。华之薄者曰沫，厚者曰饽(bō)。细轻者曰花，如枣花漂漂然于环池之上；又如回潭曲渚青萍之始生；又如晴天爽朗有浮云鳞然。其沫者，若绿钱浮于水渭，又如菊英堕于鐏俎(zūn zǔ)之中。饽(bō)者，以滓(zǐ)煮之，及沸，则重华累沫，皤皤(pó pó)然若积雪耳。《荈赋》所谓"焕如积雪，烨(chuǎn)若春敷(yè)(fū)"，有之。

第一煮水沸，而弃其沫，之上有水膜，如黑云母，饮之则其味不正。其第一者为隽永(juàn)，或留熟盂以贮之，以备育华救沸之用。诸第一与第二、第三碗次之。第四、第五碗外，非渴甚莫之饮。凡煮水一升，酌分五碗，乘热连饮之，以重浊凝其下，精英浮其上。如冷，则精英随气而竭，饮<ruby>啜<rt>chuò</rt></ruby>不消亦然矣。

茶性俭，不宜广，广则其味<ruby>黯澹<rt>àn dàn</rt></ruby>。且如一满碗，<ruby>啜<rt>chuò</rt></ruby>半而味寡，况其广乎！其色缃也，其馨<ruby>䤅<rt>xiāng</rt></ruby>也。其味甘，<ruby>槚<rt>jiǎ</rt></ruby>也；不甘而苦，<ruby>荈<rt>sǐ</rt></ruby>也；<ruby>啜<rt>chuò</rt></ruby>苦咽甘，茶也。

六之饮

<ruby>翼而飞，毛而走，呿<rt>qū</rt></ruby>而言。此三者俱生于天地间，饮<ruby>啄<rt>zhuó</rt></ruby>以活，饮之时义远矣哉！至若救渴，饮之以浆；<ruby>蠲忧忿<rt>juān fèn</rt></ruby>，饮之以酒；荡昏<ruby>寐<rt>mèi</rt></ruby>，饮之以茶。

茶之为饮，发乎神农氏，闻于鲁周公。齐有<ruby>晏婴<rt>yàn yīng</rt></ruby>，汉有扬雄、司马相如，吴有韦<ruby>曜<rt>yào</rt></ruby>，晋有刘琨、张载、远祖纳、谢安、左思之徒，皆饮焉。<ruby>滂<rt>pāng</rt></ruby>时浸俗，盛于国朝，两都并荆渝间，以为比屋之饮。

饮有<ruby>觕<rt>cū</rt></ruby>茶、散茶、末茶、饼茶者，乃斫、乃<ruby>熬<rt>zhuó</rt></ruby>、

15

乃炀、乃舂，贮于瓶缶之中，以汤沃焉，谓之痷茶。

或用葱、姜、枣、橘皮、茱萸、薄荷之等，煮之百沸，或扬令滑，或煮去沫。斯沟渠间弃水耳，而习俗不已。

於戏！天育万物，皆有至妙。人之所工，但猎浅易。所庇者屋，屋精极；所著者衣，衣精极；所饱者饮食，食与酒皆精极之。茶有九难：一曰造，二曰别，三曰器，四曰火，五曰水，六曰炙，七曰末，八曰煮，九曰饮。阴采夜焙，非造也；嚼味嗅香，非别也；膻鼎腥瓯，非器也；膏薪庖炭，非火也；飞湍壅潦，非水也；外熟内生，非炙也；碧粉缥尘，非末也；操艰搅遽，非煮也；夏兴冬废，非饮也。

夫珍鲜馥烈者，其碗数三。次之者，碗数五。若坐客数至五，行三碗；至七，行五碗；若六人已下，不约碗数，但阙一人而已，其隽永补所阙人。

七之事

三皇炎帝神农氏

16

周鲁周公旦，齐相晏婴^{yànyīng}

汉仙人丹丘子，黄山君，司马文园令相如，扬执戟^{jǐ}雄

吴归命侯，韦太傅弘嗣^{sì}

晋惠帝，刘司空琨，琨兄子兖州刺史演^{yǎn}，张黄门孟阳，傅司隶咸，江洗马统，孙参军楚，左记室太冲，陆吴兴纳，纳兄子会稽内史俶^{jī chù}，谢冠军安石，郭弘农璞^{pú}，桓扬州温，杜舍人育，武康小山寺释法瑶，沛国夏侯恺，余姚虞洪，北地傅巽^{xùn}，丹阳弘君举，乐安任育长，宣城秦精，敦煌单道开^{shàn}，剡县陈务妻^{shàn}，广陵老姥^{mǔ}，河内山谦之。

后魏琅琊王肃

宋新安王子鸾^{luán}，鸾兄豫章王子尚^{luán}，鲍照妹令晖，八公山沙门昙济

齐世祖武帝

梁刘廷尉，陶先生弘景

皇朝涂英公勣^{jì}

《神农食经》："茶茗久服，令人有力、悦志。"

周公《尔雅》："槚^{jiǎ}，苦荼^{tú}。"

《广雅》云："荆、巴间采叶作饼，叶老者，饼成，以米膏出之。欲煮茗饮，先炙令赤色，捣末置瓷器中，以汤浇覆之，用葱、姜、橘子芼^{mào}之。其饮醒酒，令人不眠。"

《晏子春秋》："婴相齐景公时，食脱粟之饭，炙三弋^{yì}、五卵，茗菜而已。"

司马相如《凡将篇》："乌喙、桔梗、芫华^{huì}、款冬、贝母、木蘖、蒌^{yuán}、芩草^{niè lóu qín}、芍药、桂、漏芦、蜚廉^{fěi}、雚菌^{huán}、荈诧^{chuǎn}、白敛、白芷、菖蒲^{chāng}、芒消、莞椒^{guān}、茱萸^{zhū yú}。"

《方言》："蜀西南人谓茶曰蔎^{shè}。"

18

梁刘廷尉，陶先生弘景

皇朝涂英公勣(jì)

《神农食经》："茶茗久服，令人有力、悦志。"

周公《尔雅》："槚(jiǎ)，苦荼(tú)。"

《广雅》云："荆、巴间采叶作饼，叶老者，饼成，以米膏出之。欲煮茗饮，先炙令赤色，捣末置瓷器中，以汤浇覆之，用葱、姜、橘子芼(mào)之。其饮醒酒，令人不眠。"

《晏子春秋》："婴相齐景公时，食脱粟之饭，炙三弋(yì)、五卵，茗菜而已。"

司马相如《凡将篇》："乌喙(huì)、桔梗、芫华(yuán)、款冬、贝母、木蘖(niè)、蒌(lóu)、芩草(qín)、芍药、桂、漏芦、蜚廉(fěi)、雚菌(huán)、荈诧(chuǎn)、白敛、白芷、菖蒲(chāng)、芒消、莞椒(guān)、茱萸(zhū yú)。"

《方言》："蜀西南人谓茶曰蔎(shè)。"

18

《吴志·韦曜传》：" 孙皓每飨宴，坐席无不率以七升为限，虽不尽入口，皆浇灌取尽。曜饮酒不过二升，皓初礼异，密赐茶荈以代酒。"

《晋中兴书》："陆纳为吴兴太守时，卫将军谢安常欲诣纳，纳兄子俶怪纳无所备，不敢问之，乃私蓄十数人馔。安既至，所设唯茶果而已。俶遂陈盛馔，珍羞必具。及安去，纳杖俶四十，云：'汝既不能光益叔父，奈何秽吾素业？'"

《晋书》："桓温为扬州牧，性俭，每燕饮，唯下七奠柈茶果而已。"

《搜神记》："夏侯恺因疾死。宗人字苟奴察见鬼神。见恺来收马，并病其妻。著平上帻，单衣，入坐生时西壁大床，就人觅茶饮。"

刘琨《与兄子南兖州刺史演书》云："前得安州干姜一斤、桂一斤、黄芩一斤，皆所须也。吾体中愦闷，常仰真茶，汝可置之。"

傅咸《司隶教》曰："闻南市有蜀妪作茶粥^{yù}卖，为廉事打破其器具，后又卖饼于市。而禁茶粥以困蜀姥，何哉！"

《神异记》^{yú}："余姚人虞洪入山采茗，遇一道士，牵三青牛，引洪至瀑布山曰：'吾，丹丘子也。闻子善具饮，常思见惠。山中有大茗，可以相给，祈子他日有瓯牺^{ōu xī}之余，乞相遗也。'因立奠祀。后常令家人入山，获大茗焉。"

左思《娇女诗》："吾家有娇女，皎皎颇白皙^{xī}。小字为纨素^{wán}，口齿自清历。有姊字惠芳，眉目粲如画^{càn}。驰骛翔园林^{wù}，果下皆生摘。贪华风雨中，倏忽数百适^{shū}。心为茶荈剧^{chuǎn}，吹嘘对鼎䥥^{lì}。"

张孟阳《登成都楼》诗云："借问扬子舍，想见长卿庐。程卓累千金，骄侈拟五侯。门有连骑客，翠带腰吴钩。鼎食随时进，百和妙且殊。披林采秋橘，临江钓春鱼。黑子过龙醢^{hǎi}，果馔逾蟹蝑^{zhuàn xū}。芳茶冠六清，

傅咸《司隶教》曰："闻南市有蜀妪作茶粥（yù）卖，为廉事打破其器具，后又卖饼于市。而禁茶粥以困蜀姥，何哉！"

《神异记》（yú）："余姚人虞洪入山采茗，遇一道士，牵三青牛，引洪至瀑布山曰：'吾，丹丘子也。闻子善具饮，常思见惠。山中有大茗，可以相给，祈子他日有瓯牺（ōu xī）之余，乞相遗也。'因立奠祀。后常令家人入山，获大茗焉。"

左思《娇女诗》："吾家有娇女，皎皎颇白皙（xī）。小字为纨素（wán），口齿自清历。有姊字惠芳，眉目粲如画（càn）。驰骛翔园林（wù），果下皆生摘。贪华风雨中，倏忽数百适（shū）。心为茶荈剧（chuǎn），吹嘘对鼎䥥（lì）。"

张孟阳《登成都楼》诗云："借问扬子舍，想见长卿庐。程卓累千金，骄侈拟五侯。门有连骑客，翠带腰吴钩。鼎食随时进，百和妙且殊。披林采秋橘，临江钓春鱼。黑子过龙醢（hǎi），果馔逾蟹蝑（zhuàn xū）。芳茶冠六清，

溢味播九区。人生苟安乐，兹土聊可娱。"

傅巽《七诲》："蒲桃宛柰，齐柿燕栗，峘阳黄^{nài}梨，巫山朱橘，南中茶子，西极石蜜。"
^{huán}

弘君举《食檄》："寒温既毕，应下霜华之茗；三^{xí}爵而终，应下诸蔗、木瓜、元李、杨梅、五味、橄榄、悬豹、葵羹各一杯。"
^{gēng}

孙楚《歌》："茱萸出芳树颠，鲤鱼出洛水泉。白^{zhū yú}盐出河东，美豉出鲁渊。姜、桂、茶荈出巴蜀，椒、^{chǐ} ^{chuǎn}橘、木兰出高山，蓼苏出沟渠，精稗出中田。"
^{liǎo} ^{bài}

华佗《食论》："苦荼久食，益意思。"

壶居士《食忌》："苦荼久食，羽化；与韭同食，令人体重。"

郭璞《尔雅注》云："树小似栀子，冬生叶可煮^{pú} ^{zhī}羹饮。今呼早取为荼，晚取为茗，或一曰荈，蜀人名^{gēng} ^{chuǎn}之苦荼。"
^{tú}

《世说》："任瞻，字育长，少时有令名，自过江
^{zhān}

失志。既下饮，问人云：'此为茶？为茗？'觉人有怪色，乃自申明云：'向问饮为热为冷？'"

《续搜神记》："晋武帝世，宣城人秦精，常入武昌山采茗。遇一毛人，长丈余，引精至山下，示以丛茗而去。俄而复还，乃探怀中橘以遗精。精怖，负茗而归。"

《晋四王起事》："惠帝蒙尘还洛阳，黄门以瓦盂盛茶上至尊。"

《异苑》："剡县陈务妻，少与二子寡居，好饮茶茗。以宅中有古冢，每饮辄先祀之。二子患之曰：'古冢何知？徒以劳意。'欲掘去之，母苦禁而止。其夜，梦一人云：'吾止此冢三百余年，卿二子恒欲见毁，赖相保护，又享吾佳茗，虽潜壤朽骨，岂忘翳桑之报。'及晓，于庭中获钱十万，似久埋者，但贯新耳。母告二子，惭之，从是祷馈愈甚。"

《广陵耆老传》："晋元帝时有老姥，每旦独提一器茗，往市鬻之，市人竞买，自旦至夕，其器不减，所

22

得钱散路傍孤贫乞人。人或异之。州法曹絷之狱中。
至夜，老姥执所鬻茗器，从狱牖^{yǒu}中飞出。"

《艺术传》："敦煌人单^{shàn}道开，不畏寒暑，常服小
石子。所服药有松、桂、蜜之气，所饮茶苏而已。"

释道说《续名僧传》："宋释法瑶，姓杨氏，河东
人。元嘉中过江，遇沈台真，请真君武康小山寺，年
垂悬车，饭所饮茶。大明中，敕^{chì}吴兴礼致上京，年七
十九。"

宋《江氏家传》："江统，字应元，迁愍怀太子洗
马，常上疏。谏云：'今西园卖醯^{xī}、面、蓝子、菜、茶
之属，亏败国体。'"

《宋录》："新安王子鸾、豫章王子尚诣昙济道人于
八公山，道人设茶茗。子尚味之曰：'此甘露也，何言
茶茗？'"

王微《杂诗》："寂寂掩高阁，寥寥空广厦。待君
竟不归，收颜今就槚^{jiǎ}。

鲍照妹令晖著《香茗赋》。

南齐世祖武皇帝遗诏："我灵座上慎勿以牲为祭，但设饼果、茶饮、干饭、酒脯而已。"

梁刘孝绰《谢晋安王饷米等启》："传诏李孟孙宣教旨，垂赐米、酒、瓜、笋、菹（zū）、脯、酢（cù）、茗八种。气苾（bì）新城，味芳云松。江潭抽节，迈昌荇（xìng）之珍；疆埸（yì）擢翘（zhuó qì），越葺（tún jūn yè）精之美。羞非纯束野麏，裹似雪之驴。鲊异陶瓶河鲤，操如琼之粲（zhǎ）。茗同食粲（càn），酢类望柑（càn cù）。免千里宿春（chōng），省三月粮聚（yì）。小人怀惠，大懿难忘。

陶弘景《杂录》："苦茶轻身换骨，昔丹丘子、黄山君服之。"

《后魏录》："琅琊王肃仕南朝，好茗饮、莼羹（chún gēng）。及还北地。又好羊肉、酪浆。人或问之：'茗何如酪'？肃曰：'茗不堪与酪为奴。'

《桐君录》："西阳、武昌、庐江、晋陵好茗，皆东人作清茗。茗有饽（bō），饮之宜人。凡可饮之物，皆多取

24

其叶。天门冬、拔揳取根，皆益人。又巴东别有真茗茶，煎饮令人不眠。俗中多煮檀叶并大皂李作茶，并冷。又南方有瓜芦木，亦似茗，至苦涩，取为屑茶饮，亦可通夜不眠。煮盐人但资此饮，而交、广最重，客来先设，乃加以香芼辈。

《坤元录》："辰州溆浦县西北三百五十里无射山，云蛮俗当吉庆之时，亲族集会歌舞于山上。山多茶树。"

《括地图》："临蒸县东一百四十里有茶溪。"

山谦之《吴兴记》："乌程县西二十里，有温山，出御荈。"

《夷陵图经》："黄牛、荆门、女观、望州等山，茶茗出焉。"

《永嘉图经》："永嘉县东三百里有白茶山。"

《淮阴图经》："山阳县南二十里有茶坡。"

《茶陵图经》云："茶陵者，所谓陵谷生茶茗焉。"

25

《本草·木部》："茗，苦茶。味甘苦，微寒，无毒。主瘘疮 ^(lòu chuāng)，利小便，去痰渴热，令人少睡。秋采之苦，主下气消食。"注云："春采之。"

《本草·菜部》："苦菜，一名茶，一名选，一名游冬，生益州川谷，山陵道傍，凌冬不死。三月三日采，干。"注云："疑此即是今茶，一名茶，令人不眠。"本草注："按《诗》云'谁谓茶苦'，又云'堇茶如饴 ^(jǐn tú)'，皆苦菜也。陶谓之苦茶，木类，非菜流。茗春采，谓之苦搽 ^(chá)。

《枕中方》："疗积年瘘 ^(lòu)，苦茶、蜈蚣并炙，令香熟，等分，捣筛，煮甘草汤洗，以末傅之。"

《孺子方》："疗小儿无故惊蹶 ^(jué)，以苦茶葱须煮服之。"

八之出

山南，以峡州上，襄州、荆州次，衡州下，金州、梁州又下。

淮南，以光州上，义阳郡、舒州次，寿州下，蕲州、黄州又下。

浙西，以湖州上，常州次，宣州、杭州、睦州、歙州下，润州、苏州又下。

剑南，以彭州上，绵州、蜀州次，邛州次，雅州、泸州下，眉州、汉州又下。

浙东，以越州上，明州、婺州次，台州下。

黔中，生思州、播州、费州、夷州。

江南，生鄂州、袁州、吉州。

岭南，生福州、建州、韶州、象州。其思、播、费、夷、鄂、袁、吉、福、建、韶、象十一州未详。注注得之，其味极佳。

九之略

其造具，若方春禁火之时，于野寺山园，丛手而掇，乃蒸，乃舂，乃拍，以火干之，则又棨、扑、

27

焙、贯、棚、穿、育等七事皆废。

其煮器，若松间石上可坐，则具列废。用槁^{gǎo}薪、鼎锧^{lì}之属，则风炉、灰承、炭挝^{zhuā}、火䇲^{jiā}、交床等废。若瞰^{kàn}泉临涧，则水方、涤方、漉^{lù}水囊废。若五人已下，茶可末而精者，则罗合废。若援藟^{lěi}跻^{jī}岩，引絙^{gēng}入洞，于山口灸而末之，或纸包合贮，则碾、拂末等废。既瓢、碗、竹䇲^{jiā}、札^{zhá}、熟盂、鹾^{cuó}簋^{guǐ}悉以一筥^{jǔ}盛之，则都篮废。

但城邑之中，王公之门，二十四器阙^{quē}一，则茶废矣。

十之图

以绢素或四幅或六幅，分布写之，陈诸座隅^{yú}，则茶之源、之具、之造、之器、之煮、之饮、之事、之出、之略目击而存，于是《茶经》之始终备焉。